AF803826

MARGARETE KAHN
und
KLARA LÖBENSTEIN

JÜDISCHE MINIATUREN
Herausgegeben von Hermann Simon

Band 108 KAHN/LÖBENSTEIN

Alle »Jüdische Miniaturen« sind auch im Abonnement beim Verlag erhältlich.

Die Deutsche Nationalbibliothek verzeichnet diese Publikation in der Deutschen Nationalbibliografie; detaillierte Daten sind im Internet über https://portal.d-nb.de/ abrufbar.

Inh. Dr. Nora Pester
Wilhelmstraße 118, 10963 Berlin
info@hentrichhentrich.de
http://www.hentrichhentrich.de

Satz: Barbara Nicol
Druck: druckhaus köthen

1. Auflage 2011

Printed in Germany
ISBN 978-3-942271-23-3

YORK-EGBERT KÖNIG, CHRISTINA PRAUSS
und RENATE TOBIES

MARGARETE KAHN und KLARA LÖBENSTEIN

MATHEMATIKERINNEN – STUDIENRÄTINNEN FREUNDINNEN

HENTRICH & HENTRICH

CENTRUM JUDAICUM

Durch großzügige Spenden haben die Drucklegung ermöglicht:
Prof. Dr. Eric Selker, Eugene/Oregon und seine Brüder Edward, Harry, John
Prof. Dr. Philip Ursell, San Francisco
Geschichtsverein Eschwege im Verein für Hessische Geschichte und Landeskunde
Historische Gesellschaft des Werralandes, Eschwege
Kulturförderung des Werra-Meißner-Kreises, Eschwege
Stadtstiftung Eschwege
Ihnen allen danken wir herzlich.

Inhalt

Für die Emanzipation der Frauen und der Juden in Gesellschaft und Beruf sowie die der mathematisch-naturwissenschaftlichen Fächer an deutschen Universitäten und Schulen sind Margarete Kahn und Klara Löbenstein zwei bemerkenswerte Beispiele. Eine nicht unbeträchtliche Anzahl von mathematisch Begabten konnte sich in der jüdischen Tradition besonders entfalten. So bestand früh eine enge Verbindung des hebräischen Alphabets mit Zahlenwerten, und schon immer beschäftigten sich Talmud-Gelehrte, jüdische Philosophen, Mediziner, Rabbiner u. a. intensiv mit Mathematik. Jüdische Elternhäuser unterstützten vergleichsweise früher als die anderer Konfessionen entsprechende Fähigkeiten ihrer Töchter. Diese konnten sie, wenn sie unverheiratet blieben, im als für Frauen akzeptierten Beruf der Lehrerin für eine erfüllende Tätigkeit nutzen. Die Bildungswege von Margarete Kahn und Klara Löbenstein fielen in eine Zeit, als sich Universitäten gerade für Frauen öffneten sowie wissenschaftlicher Unterricht in Mathematik und Naturwissenschaften erstmals in das öffentliche höhere Mädchenschulwesen drang. Nachdem jüdische Mathematiker und Mathematikerinnen im Schul- und Universitätssystem ihren Platz gefunden hatten, prägten sie maßgeblich die deutschsprachige mathematische Kultur, bis sie durch die Nationalsozialisten vertrieben oder ermordet wurden.

1 Die mathematisch-naturwissenschaftliche Frauenbildungsreform in Preußen

Margarete Kahn und Klara Löbenstein gehörten zu den Pionierinnen des Frauenstudiums in Deutschland. Sie studierten zu Beginn des 20. Jahrhunderts, als Repräsentanten von Mathematik und Naturwissenschaften, vor allem Universitätsprofessoren, Gymnasiallehrer und Ingenieure, danach strebten, für ihre Fächer eine gleichberechtigte Stellung in der Kultur der damaligen Gegenwart zu erhalten und den mathematisch-naturwissenschaftlichen Unterricht für alle Schularten zu modernisieren. Diese Unterrichtsreform beruhte auf den Forderungen von Industrie und Wirtschaft, denen Kaiser Wilhelm II. mit einer seit 1892 eingeleiteten Reform entsprach. Sie führte 1899 in Preußen nicht nur zum Promotionsrecht für Technische Hochschulen und 1900 zur Gleichstellung der drei höheren Schularten, nämlich Humanistisches Gymnasium (hier dominierten die alten Sprachen mit Latein und Griechisch), Realgymnasium (stärker mathematisch-naturwissenschaftlich orientiert, moderne Sprachen wie Englisch und Französisch, aber auch Latein, kein Griechisch) und Oberrealschule (noch stärkere Orientierung auf Mathematik, Naturwissenschaften, moderne Sprachen, keine alte Sprachen) für Knaben, sondern auch zu einer Ordnung für die Wissenschaftliche Prüfung der Lehrerinnen (Oberlehrerin-

nenprüfung), die 1894 eingeführt worden war und 1900 modernisiert wurde. Sie bildete die Basis für das Studienziel von Margarete Kahn und Klara Löbenstein.
Beide konnten in Preußen zunächst nur mit Hörerinnenstatus studieren, mussten damit jeden Professor einzeln fragen, ob sie seine Lehrveranstaltungen besuchen dürften. Daraus erklärt sich die relativ kleine Zahl von Universitätsprofessoren, bei denen sie studierten. Wegen der Bildungshoheit der einzelnen deutschen Bundesstaaten hatte der Zugang zu den Universitäten in jedem einzelnen Teilstaat gesonderter Verordnungen bedurft. Baden erlaubte Frauen erstmals im Jahre 1900 die volle Immatrikulation. Preußen, der größte Teilstaat des Deutschen Reiches mit den meisten Universitäten und wo Margarete Kahn und Klara Löbenstein studierten, verfügte dies erst als vorletzter deutscher Staat mit einem Erlass vom 18. August 1908. Dieser ordnete allerdings auch – im Unterschied zu den Verordnungen der anderen deutschen Bundesstaaten – das höhere Mädchenschulwesen neu. D. h., es wurden neue höhere Mädchenschulen gegründet, die mit dem Abitur abschlossen: so genannte Studienanstalten mit humanistischer, realgymnasialer bzw. Oberrealschulrichtung, mit eben derselben Ausrichtung wie die drei Typen höherer Knabenschulen. Es sei hervorgehoben, dass, quantitativ gesehen, für Mädchen am meisten der realgymnasiale Typ entstand, während es für Jungen mehr humanistische Gymnasien

gab. Diese Studienanstalten für Mädchen eröffneten neue Berufschancen für mathematisch-naturwissenschaftlich gebildete Lehrerinnen.
Im Folgenden sollen die Wege dieser beiden Frauen betrachtet werden, die mit einer mathematischen Dissertation den Doktortitel bei einem der bedeutendsten Mathematiker erwarben und noch vor dem Ersten Weltkrieg im preußischen höheren Schuldienst als Oberlehrerinnen eine feste Anstellung erhielten. Die Berufskarrieren endeten für die beiden herausragenden Jüdinnen – wie für unzählige weitere – durch die Politik des NS-Regimes.

2 Bildungsambitionierte Elternhäuser

Für die kleine Elite der Pionierinnen des Frauenstudiums gilt generell, dass die Väter eine genügend gesicherte Position besitzen mussten, um nicht nur den Söhnen, sondern auch den Töchtern ein Studium finanzieren zu können. Der Aussage wird die Trivialität genommen, wenn bedacht wird, dass männliche Studierende schon 1913/14 eher aus niederen sozialen Schichten kommen konnten. Die Familie musste nicht nur dem Frauenstudium aufgeschlossen gegenüberstehen, sondern auch den als eher männlich konnotierten mathematisch-naturwissenschaftlichen Fächern. Unsere bisherigen Untersuchungen zeigen, dass jüdische Elternhäuser mit finanziell hinreichendem Hintergrund und vielleicht auch dem Wunsch, den erreichten sozialen Status zu zeigen und sich weiter zu distinguieren, ihren Töchtern relativ früh ermöglichten, sich zu entfalten.

2.1. Familie Kahn in Eschwege

Margarete Kahn wurde am 27. August 1880 in Eschwege als Tochter des jüdischen Kaufmanns und Fabrikanten für Manufakturwaren Albert Kahn und dessen Ehefrau Johanne geb. Plaut geboren. Beide Eltern waren Cousin und Cousine ersten Grades und stammten aus Kaufmanns- und Fabrikantenfamilien, die seit dem frühen 19. Jahrhundert in der Stadt nachweisbar sind. Die Familie lebte in der Zeit der Geburt der Tochter Margarete (Grete) im Hause am Stad 29, später auch in der Friedrich-Wilhelm-Straße 23, am Hospitalplatz 3, an den Anlagen 8 b und zuletzt in der Bahnhofstraße 17 bzw. Reichensächser Straße 29.

Grete wuchs mit Geschwistern auf. Der um ein Jahr ältere Bruder Otto machte nach dem Abitur in Eisenach zunächst eine Ausbildung zum Webmeister, wandte sich dann aber dem Journalismus zu und arbeitete ab 1902 erfolgreich als Korrespondent der »Frankfurter Zeitung«, erst in Mailand, dann in Rom, unterbrochen von einer kurzen Abordnung nach New York, um die dortige Ver-

Elternhaus Kahn, Eschwege, Am Stad (Bildmitte)

tretung seiner Zeitung zu verstärken. Neben der Berufsarbeit interessierte er sich besonders für die lateinischen Klassiker und den Altmeister der italienischen Dichtkunst, Dante Alighieri, sowie dessen »Divina Commedia«. Über diesen Dichter und die Göttliche Komödie veröffentlichte er 1921 im Münchner C.H.Beck Verlag ein Buch, mit dem er die deutschen Leser für Autor und Werk interessieren wollte. Unter nie geklärten Umständen stürzte Otto Kahn im November 1932 von der Höhe des Colosseums in Rom zu Tode. Er wurde auf dem protestantischen Friedhof bei der Cestius-Pyramide beigesetzt. Noch im Tod wurde seiner Pressearbeit hohe

Anerkennung zuteil, indem sowohl der deutsche Botschafter in Rom als auch der italienische Botschafter in Berlin kondolierten. Seine einzige Tochter Nana lebte fortan ganz bei Verwandten im westfälischen Attendorn. Auch sie legte das Abitur ab und war in ihrer Stadt das erste Mädchen, das eine Jungenschule besuchen durfte, da das katholische Gymnasium der Ursulinen der evangelisch Getauften den Zugang verweigerte.
Grete war erst 18 Monate alt, als ihre Mutter kaum 25-jährig starb. Albert Kahn heiratete zwei Jahre später deren jüngere Schwester Julie. Aus dieser Verbindung stammte Gretes 1888 geborene Halbschwester Martha. Über deren Ausbildung ist nichts bekannt. 1913 heiratete sie in Eschwege den aus Attendorn stammenden Fabrikantensohn Julius Ursell. Seine Familie besaß eine der führenden deutschen Blechwarenfabriken mit Verzinkerei, die er nach dem frühen Tod seines Bruders allein weiterführen musste. Aus der Ehe gingen ein Sohn und zwei Töchter hervor, die alle die städtischen Gymnasien besuchten. Nach dem plötzlichen Tod von Julius Ursell im Februar 1936 auf einer Geschäftsreise in Brüssel waren Martha und die Kinder dem Verfolgungsdruck durch das NS-Regime weitgehend allein ausgesetzt, zumal Religion und »Rasse« bis dahin kaum eine Bedeutung gehabt hatten. Da sich Julius Ursell bereits früher für die Glaubensrichtung der Quäker interessiert hatte, waren diese Kontakte jetzt hilfreich, um den Kindern die Ausreise nach

Familienfoto 1930 in Attendorn. Stehend Nana Kahn, Erich Ursell, Otto Kahn, Julius Ursell, Günther Ursell. Im Stuhl: Julie Kahn, Martha Ursell. Vorn: Lisa Ursell, Dr. Grete Kahn, Margret Ursell

England und später in die USA zu ermöglichen. Die Gelegenheit zur Flucht ergab sich für Martha jedoch nicht mehr. Nach der Arisierung der Firmen und dem Verkauf des Hauses verbrachte sie die letzten Jahre bei ihrer Schwester Grete in Berlin.

2.2. Familie Löbenstein in Datterode bei Eschwege und in Hildesheim

Lehmann Löbenstein, der Vater Klara Löbensteins, stammte aus Datterode bei Eschwege, der nordhessischen Geburtsstadt von Margarete Kahn im heutigen Werra-Meißner-Kreis. Die Wurzeln der Löbensteins reichen dort bis ins 17. Jahrhundert zurück, in der Region waren sie überwiegend als Kaufleute tätig. Lehmann Löbenstein, 1847 geboren, hatte sein Heimatdorf noch jung verlassen, er zog 1869, vermutlich nach seinen kaufmännischen Lehrjahren, von Lüneburg nach Hildesheim und begründete 1874 mit 27 Jahren das Textilhaus *Löbenstein & Freudenthal* in der Altpetristraße 9 mit, das erstmals industriell produzierte *Herren-Confection* nach Hildesheim brachte, die erschwinglicher war als traditionell maßgeschneiderte Kleidung. Kunden aus weniger wohlhabenden Schichten konnten sich nun gegen Barzahlung Anzüge fertig kaufen. Das Geschäft in der Altpetristraße expandierte beständig und deshalb konnte man um 1900 auf dem Hohen Weg 14 eines der modernsten Textilkaufhäuser eröffnen.

Heute ahnt man nicht mehr, dass in der Kaiserzeit die Altpetristraße und die Friesenstraße als Verlängerung des Hohen Wegs zu den pulsierenden Geschäftsstraßen gehörten. Hier kam vorn im Eckhaus, in der Altpetristraße 1, am 15. Februar 1883 Klara Löbenstein zur Welt.

Geschäftshaus Löbenstein & Freudenthal Hildesheim um 1910

Ihr Vater Lehmann Löbenstein hatte 1876 Sophie Schönfeld, die Tochter des Produktenhändlers Samuel Schönfeld aus Brandenburg an der Havel geheiratet und fünf Kinder mit ihr, vier Töchter und den Sohn Hans, der einmal Nachfolger des Vaters in der Firma werden sollte. Er wurde Kaufmann und volontierte unter anderen in den Metropolen Paris und Berlin-Charlottenburg. 1909 kam er nach Hildesheim zurück und heiratete Edith Dux, die Enkelin von August Dux, dem Gründer des Bankgeschäfts *August Dux & Co* am Paradeplatz, dem heutigen Paul-von-Hindenburg-Platz. Der Hoffnungsträger der Familie fiel jedoch im Ersten Weltkrieg. Von Hans Löbenstein blieb ein Ehrengrab mit Eisernem Kreuz und Eichenlaub auf dem jüdischen Friedhof in Hildesheim, das ihn als verdienten Frontsoldaten und überzeugten Patrioten ausweist. Frauen waren in der Geschäftsleitung noch nicht üblich, deshalb traten Edith und seine Schwestern nicht in die Firma ein. Annie, die kleine Tochter, die Hans hinterließ, wurde 1939 in Basel in physikalischer Chemie promoviert und später Professorin in Frankreich. Ihre Dissertation hatte sie in München begonnen, betreut von dem renommierten Chemiker Kasimir Fajans, dessen Verbindungen sie wahrscheinlich das Schweizerische Exil verdankt.
Die Schwestern Klara und Frieda Löbenstein blieben unverheiratet und hatten Lehrberufe ergriffen. Frieda war hoch musikalisch und erwarb ihre Ausbildung an

Goslarsche Straße mit der Elisabethschule, der Städtischen Höheren Töchterschule und dahinter das Wohnhaus Löbenstein Hildesheim um 1900

privaten Instituten, so am Schulgesangsseminar des Tonika-Do-Bundes in Hannover. Sie unterrichtete am berühmten Stern'schen Konservatorium und lehrte an der Hochschule der Künste in Berlin. Die Entlassung wegen ihrer jüdischen Herkunft 1933 erschütterte ihre Existenz. Zunächst hielt sie aus Not Vorlesungen über Gregorianik in ihrer Privatwohnung in Berlin-Charlottenburg, später war sie in Oranienburg im Haus der Johannisschwestern untergekommen und konnte mit

deren Hilfe nach Brasilien fliehen. Sie trat dort dem Benediktiner-Orden bei und lehrte Gregorianik nach der Tonika-Do-Methode auch in Sao Paulo.
Dora, die älteste, und Erna, die jüngste der Schwestern, hatten geheiratet, die 1880 geborene Dora 1903 den Kaufmann Bernhard Rubensohn in Kassel, mit dem sie zwei Söhne hatte. Nach dem Scheitern ihrer Ehe zog Dora im Januar 1925 nach Hildesheim in ihr Elternhaus zurück, im Dezember starb ihr Vater Lehmann Löbenstein in Hannover-Linden und wenig später ihr geschiedener Mann. Erna hat 1923 in Berlin Erich Karg

Goslarsche Straße, Wohnhaus Löbenstein, Gartenfront

geheiratet – im Berliner Adressbuch findet sich allerdings kein Eintrag. Klaras Mutter Sophie Löbenstein starb 1928 in Hildesheim. In der Goslarschen Straße 64 befand sich das Wohnhaus, das Lehmann um 1889 für seine Familie neu erbaut hatte, mit Säulenportikus und Balkon zur Straßenseite, direkt neben der Städtischen Höheren Töchterschule.

3 Schulbildung an Höheren Töchterschulen und externes Abitur

Margarete Kahn und Klara Löbenstein besuchten höhere Töchterschulen in ihren Heimatorten. Das waren Schulen, die nicht zur Hochschulreife führten und noch keinen wissenschaftlichen Unterricht in Mathematik und Naturwissenschaften boten, wohl aber Grundzüge des Rechnens und der Naturkunde. Beide mussten notwendig privaten Unterricht nehmen, um Kenntnisse zu erhalten, die für die Reifeprüfung erforderlich waren. Zu dieser Prüfung mussten sie sich bei dem zuständigen Provinzialschulkollegium melden, das die Mädchen jeweils an ein Knabengymnasium verwies. Die Abitur-Prüfungen dauerten in der Regel eine Woche. Dabei war es üblich, sich bei den prüfenden Lehrern persönlich zu Hause vorzustellen. Beide erwarben das Reifezeugnis im Jahre 1904. Damit gehörten sie zu einer kleinen Elite deutscher Frauen, die damals die Hochschulreife besaßen. Noch im Jahre 1906 absolvierten deutschlandweit nur insgesamt 268 Frauen das Abitur.

3.1 Margarete Kahn – der Weg bis zum Abitur

Margarete Kahn besuchte ab 1887 die Volksschule und von 1889 bis 1896 die Höhere Töchterschule incl. der »Selekta«, einer neu eingerichteten Aufbauklasse, in Eschwege. Die finanziellen Verhältnisse der Familie ermöglichten es, ihr in den Jahren zwischen 1901 und 1904 zusätzlich Privatunterricht zu gewähren. Damit konnte sie sich Kenntnisse aneignen, die für die angestrebte Abiturprüfung erforderlich waren. Diese Prüfung legte sie im August 1904 extern am Königlichen Gymnasium für Knaben in Hersfeld ab, dem sie vom zuständigen Provinzialschulkollegium in Kassel zugewiesen worden war.

Die Prüfung bestand aus vier schriftlichen Arbeiten an vier hintereinanderfolgenden Tagen: einem Deutschaufsatz, einer Mathematikarbeit, je einer Übersetzung ins Lateinische (Cicero) und aus dem Griechischen (Xenophon). Drei Wochen später folgte die 7-teilige mündliche Prüfung in den Fächern Latein (Livius), Griechisch (Homer), Französisch, Deutsch (höfische Dichtung/Schillers Jungfrau von Orleans), Mathematik (Ähnlichkeitssätze), Physik (Magnetismus) sowie Geschichte und

Königliches Gymnasium Hersfeld

Geographie. Als Endergebnis konnte Grete das Gesamtprädikat »genügend« erhalten, was heute einer »2+« entsprechen würde. Vier der insgesamt zehn und ebenfalls aus gutbürgerlichem Haus stammenden Mitstreiter fielen durch, wobei einem die Wiedervorstellung nach Jahresfrist gestattet wurde. Der Prüfungskommission hatte Dr. Konrad Duden vorgesessen, der das Gymnasium von 1876 bis 1905 leitete. Seit 1980 führt es nach ihm den Namen »Konrad-Duden-Schule«.

Mit dem Abitur in der Tasche konnte Grete Kahn bereits zum Wintersemester 1904/05 in Berlin ihr Mathematik-Studium aufnehmen. Der frühe Tod ihres Vaters Albert im Alter von nur 52 Jahren schon im Sommer 1905 dürfte Grete hart getroffen haben, zumal es ihm nun nicht

Königliches Gymnasium zu Hersfeld.

Zeugnis der Reife.

Fräulein Margarete Kahn

geboren den *27ten August* 18*80* zu *Eschwege, israelitischer Konfession*, ~~Sohn~~ *Tochter* des *Fabrikanten Albert Kahn*

zu Eschwege. , ~~war Jahr auf dem Gymnasium~~ *hat sich durch Privatunterricht auf die Reifeprüfung vorbereitet.* ~~und zwar Jahr in Prima.~~ *Durch Verfügung d. K. Pr. Sch. Koll. vom 14/7 S 5881 wurde sie dem hiesigen Gymnasium zur Ablegung der Reifeprüfung überwiesen.*

Die unterzeichnete Prüfungskommission hat ~~ihm~~ *ihr* demnach~~, da er jetzt das Gymnasium verläßt, um~~ das Zeugnis

der Reife

zuerkannt~~, und entläßt ihn~~

Hersfeld, den *1ten September 1904.*

Königliche Prüfungskommission.

Dr. Kaiser, Königl. Kommissar.

Wieden, Direktor.

Schäfer K, Oberlehrer.

Probekandidat

Hafner.

Reifezeugnis Kahn

mehr vergönnt war, den erfolgreichen Weg seiner Tochter weiterzuverfolgen. Dass sie ihr Studium dennoch fortsetzen konnte, darf als Beleg dafür gelten, wie gut es um die Verhältnisse im Hause Kahn bestellt war.

3.2 Klara Löbenstein – der Weg bis zum Abitur

Wie alle Schwestern Löbenstein absolvierte Klara 1899 nach neun obligatorischen Schuljahren die Städtische Höhere Töchterschule in Hildesheim und gehörte dann zu den drei begabtesten und motivierten Schülerinnen, die ebenfalls die »Selekta« besuchten. Viele Schülerinnen, in diesen Jahren etwa zehn Prozent, stammten aus dem jüdischen Bürgertum. Klara legte das Abitur 1904 extern am Realgymnasium I in Hannover ab. Die später nach seinem Begründer Adolf Tellkampf benannte Tellkampfschule war eine der schon beschriebenen, auf Naturwissenschaften, Technik, Wirtschaft und moderne Sprachen ausgerichteten Knabenschulen, deren Abschluss seit 1900 als Hochschulreife anerkannt wurde.

4 Studium in Berlin und Göttingen

Margarete Kahn und Klara Löbenstein studierten neun Semester lang gemeinsam Mathematik, Physik und Philosophie in Berlin und Göttingen, bei denselben Professoren und – wie schon gesagt – zunächst mit Hörerinnenstatus. Sie begannen im Wintersemester 1904/05 in Berlin und blieben hier zunächst drei Semester. Sie studierten sowohl an der Berliner Universität als auch an der Technischen Hochschule Berlin-Charlottenburg. An Letzterer erwarben sie Übungsscheine, die sie mit dem Promotionsgesuch einreichten. In ihren Lebensläufen zur Dissertation erwähnten sie für Berlin nur den Besuch von Vorlesungen bei dem Universitäts-Mathematiker Hermann Amandus Schwarz und bei dem Physiker Paul Drude. Diese Professoren standen dem Frauenstudium aufgeschlossen gegenüber und besaßen sehr enge Beziehungen zu Göttingen. Schwarz war bis 1892 Professor in Göttingen gewesen, bevor er nach Berlin auf den Lehrstuhl seines Doktorvaters, des bedeutenden Funktionentheoretikers Karl Weierstraß, gewechselt war. Drude war auf dem Gebiet der theoretischen Optik in die Spuren seines herausragenden Göttinger Doktorvaters Woldemar Voigt getreten.
Im Sommersemester 1906 wechselten beide Studentinnen nach Göttingen, wo sich inzwischen das internationale Zentrum der Mathematik und Physik entfaltet hatte. Als

Auditorium Göttingen

sie zum Wintersemester 1906/07 noch einmal nach Berlin zurückkehrten, fanden sie Drudes Lehrstuhl verwaist vor; er war am 6. Juli 1906 aus bisher ungeklärten Gründen freiwillig aus dem Leben geschieden. Nun war die Entscheidung für Göttingen endgültig. Hier wurden sie durch die bedeutenden Mathematiker David Hilbert und Felix Klein gefördert, die beide bereits mehrere Frauen zur Doktorwürde geführt hatten. Im Übrigen wurde Felix Kleins Tochter, die Studienrätin für Mathematik, Physik und Englisch Elisabeth Staiger, im Jahre 1932 zur Oberstudiendirektorin der Schule in Hildesheim ernannt, die Klara Löbenstein einst besucht hatte. Aus diesem Amt an der nun Goetheschule genannten und zum Abitur führenden Mädchenschule wurde sie 1933 entlassen und strafversetzt, weil sie mit der Entlassung zweier jüdischer Kolleginnen nicht einverstanden war.

Nach 1906 konnten Kahn und Löbenstein ihre Interessen nicht nur in Mathematik, sondern auch für ihr zweites Fach Physik, insbesondere in theoretischer Optik bei Woldemar Voigt weiter pflegen. Zudem fanden sie für ihr drittes Fach, Philosophie/Psychologie, das sie für das Lehramtsstaatsexamen sowie die mündliche Doktorprüfung wählten, einen herausragenden Wissenschaftler. Sie betrieben wissenschaftliche Studien bei Georg-Elias Müller, der in Göttingen im Rahmen seiner Professur für Philosophie das weltweit zweite Institut für Experimentalpsychologie etabliert hatte; das erste war 1879 in Leipzig gegründet worden.

Bezeichnenderweise wurden im Gegensatz zu den männlichen Studenten die Studentinnen in den Göttinger Vorlesungsverzeichnissen dieser Jahre nicht mit Namen und Wohnadressen geführt, auch nicht im Jahr 1909, als sie bereits ordentlich immatrikuliert werden konnten. Klara Löbenstein wohnte im gut situierten

Schildweg 28

Ostviertel. Von Mai bis Oktober 1906 hatte sie im Schildweg 28 im ersten Stock ein Zimmer zur Untermiete in der Wohnung von Elfriede Kuhlenbeck genommen, die im Adressbuch als »Doktor-Witwe«, an anderer Stelle als »Gymnasial-Oberlehrerwitwe«, verzeichnet war. Ab April 1907 wohnte sie im Hainholzweg 20; zwischenzeitlich meldete sie sich in ihre Heimatstadt Hildesheim und nach Berlin ab. Margarete Kahn hatte etwas außerhalb des Stadtzentrums Quartier genommen: 1906 in der Goßlerstraße 2, dann 1907 in der Güterbahnhofstraße 2, im Jahre 1908 im Walkemühlenweg 19 und in der Bürgerstraße 60 im zweiten Stock; der Hauseigentümer war der Kreistierarzt Dr. Hermann Ehlers. 1910 wohnte sie, wie schon Klara Löbenstein 1906, im Schildweg 28, allerdings im Erdgeschoss. Zwischen den Semestern meldete sie sich immer wieder nach Eschwege ab.

5 Promotion bei dem Mathematiker David Hilbert

Hilbert, seit 1895 als Mathematikprofessor in Göttingen, galt damals neben Henri Poincaré in Frankreich als der international herausragendste Mathematiker. Unter Hilbert promovierten insgesamt 69 Personen. Darunter waren sechs Frauen. Vor Margarete Kahn und Klara Löbenstein hatte Hilbert bereits eine US-Amerikanerin und drei Russinnen zur Doktorwürde geführt. Margarete Kahn und Klara Löbenstein gehörten deutschlandweit zu den ersten in Deutschland geborenen Frauen, die in Mathematik promoviert wurden.

David Hilbert

Die allererste deutsche Mathematik-Doktorin war Marie Gernet (1865–1924), eine Katholikin; sie erwarb den Titel 1895 bei dem jüdischen Professor Leo Königsberger (1837–1921) in Heidelberg. Die Zweite war die Jüdin Emmy Noether im Jahre 1907 (Rigorosum 12.12.1907) an der Universität Erlangen;

sie sollte die wohl bedeutendste Mathematikerin des 20. Jahrhunderts werden. In Göttingen hatte sie zunächst nur ein Semester 1903/04 studiert, wurde aber 1915 von Klein und Hilbert hierher geholt und bis zur Habilitation (1919) und zum Professorentitel (nichtbeamtete außerordentliche Professur 1922; mehr erlaubte der preußische Staat nicht für Frauen) geführt. Vor Margarete Kahn und Klara Löbenstein gab es in Deutschland noch eine weitere Mathematikerin, ebenfalls eine Jüdin, die im Jahre 1909 den Doktortitel unter Rudolf Sturm an der Universität Breslau erwarb: Frieda Goldmann, Rigorosum wenige Tage vor Kahn und Löbenstein am 9. Juni 1909, sie wurde Studienrätin und zum 1. September 1933 entlassen, ihr weiteres Schicksal ist bisher unbekannt. Nur wenige Tage nach Kahn und Löbenstein bestand die Jüdin Nelly Neumann am 14. Juli 1909 ihre mündliche Doktorprüfung ebenfalls bei Sturm in Breslau; sie ist vor allem durch ihre kurze Ehe (1912 – 1916) mit dem später sehr bedeutenden jüdischen Mathematiker Richard Courant, der 1910 bei Hilbert in Göttingen promoviert wurde, bekannt. Nelly Neumann, die ihren Mädchennamen wieder annahm, wurde Studienrätin in Essen, emigrierte nach ihrer Entlassung nicht und wurde 1942 nach Minsk verschleppt und ermordet. Als Nächste folgte mit Marie Vaerting eine Frau, die aus dem katholischen Emsland stammte und im Jahre 1910 das Promotionsverfahren bei dem jüdischen Mathematiker Moritz Pasch in Gießen

abschloss. Insgesamt war der Anteil jüdischer Promovendinnen in Mathematik in den ersten Jahrzehnten des 20. Jahrhunderts mit 13 Prozent relativ hoch.
In Göttingen förderten Mathematiker begabte Studierende unabhängig von Geschlecht und Konfession. Der (nichtjüdische) Mathematiker David Hilbert war im Jahre 1900 als Vorsitzender der Deutschen Mathematiker-Vereinigung zu einem Hauptvortrag auf dem II. Internationalen Mathematiker-Kongress nach Paris eingeladen worden. Die in seinem Vortrag formulierten 23 ungelösten mathematischen Probleme sollten die Forschungen jahrzehntelang befruchten. An sein Problem 16 knüpften u.a. Kahn und Löbenstein an und erzielten wertvolle Resultate. Dieses Problem stammte aus dem Gebiet der Topologie algebraischer Kurven und Flächen. Hilbert hatte formuliert:
16. Problem der Topologie algebraischer Curven und Flächen.
Die Maximalzahl der geschlossenen und getrennt liegenden Züge, welche eine ebene algebraische Curve nter Ordnung haben kann, ist von Harnack {Mathematische Annalen, Bd. 10} bestimmt worden; es entsteht die weitere Frage nach der gegenseitigen Lage der Curvenzüge in der Ebene. Was die Curven 6ter Ordnung angeht, so habe ich mich – freilich auf einem recht umständlichen Wege – davon überzeugt, daß die 11 Züge, die sie nach Harnack haben kann, keinesfalls sämtlich außerhalb von einander

verlaufen dürfen, sondern daß ein Zug existiren muß, in dessen Innerem ein Zug und in dessen Aeußerem neun Züge verlaufen oder umgekehrt. Eine gründliche Untersuchung der gegenseitigen Lage bei der Maximalzahl von getrennten Zügen scheint mir ebenso sehr von Interesse zu sein, wie die entsprechende Untersuchung über die Anzahl, Gestalt und Lage der Mäntel einer algebraischen Fläche im Raume – ist doch bisher noch nicht einmal bekannt, wieviel Mäntel eine Fläche 4ter Ordnung des dreidimensionalen Raumes im Maximum wirklich besitzt. {Vgl. Rohn, Flächen vierter Ordnung, Preisschriften der Fürstlich Jablonowskischen Gesellschaft, Leipzig 1886}
Im Anschluß an dieses rein algebraische Problem möchte ich eine Frage aufwerfen die sich, wie mir scheint, mittelst der nämlichen Methode der continuirlichen Coefficientenänderung in Angriff nehmen läßt, und deren Beantwortung für die Topologie der durch Differentialgleichungen definirten Curvenschaaren von entsprechender Bedeutung ist - nämlich die Frage nach der Maximalzahl und Lage der Poincaréschen Grenzcykeln (cycles limités) für eine Differentialgleichung erster Ordnung und ersten Grades von der Form:

$$dy/dx = Y/X ,$$

wo X, Y ganze rationale Funktionen nten Grades in x, y sind, oder in homogener Schreibweise

$$X(y\, dz/dt - z\, dy/dt) + Y(z\, dx/dt - x\, dz/dt) + Z(x\, dy/dt - y\, dx/dt) = 0$$

wo X, Y, Z ganze rationale homogene Functionen nten Grades von x, y, z bedeuten und diese als Funktionen des Parameters t zu bestimmen sind.

5.1 Die Dissertationen im Gebiet der Topologie

Kahn und Löbenstein gehörten zu den wenigen Personen, die damals in dem relativ jungen Gebiet der Topologie promoviert wurden und herausragende Ergebnisse erzielten. Sie griffen die grundlegenden Arbeiten von Axel Harnack und Hilbert auf, studierten die Versuche, die weitere Mathematiker/innen im Anschluss daran unternommen hatten und gelangten zu einem *allgemeinen Verfahren* hinsichtlich der Frage nach der gegenseitigen Lage der Kurvenzüge in der Ebene.

Hilbert hatte in einer vorangegangenen Arbeit nebenher in einer Anmerkung einen Satz formuliert, der besagte, dass eine Kurve 6. Ordnung mit der Maximalzahl reeller Züge auch stets die Maximalzahl, d. h. zwei ineinander eingeschachtelte Züge, besitzen muss. Er hatte den Fall der Kurve 6. Ordnung hervorgehoben, weil dieser für die Topologie der Flächen vierter Ordnung besonders wichtig ist. Margarete Kahn betonte, dass aber auch für die allgemeine Ordnungszahl ähnliche Fragen gestellt werden können: Ist bei einer nicht singulären Kurve der Ordnung *n* mit der Maximalzahl von Zügen der topologisch einfachste Fall immer möglich, d. h. können alle Ovale getrennt liegen? Dass Kurven ungerader Ordnung in der verlangten Lage existieren, hatte bereits die US-Amerikanerin Virginia Ragsdale gezeigt. Dabei ist besonders hervorzuheben, dass sie auch ein Jahr in Göttingen studiert hatte und von Hilbert zu Untersuchungen in diesem Gebiet angeregt worden war. Ragsdale hatte außerdem den Hilbertschen Satz über die Kurven 6. Ordnung umformuliert und eine allgemeine Vermutung (Ragsdale Vermutung) daran geknüpft, ohne diese zu beweisen: Wenn die nicht singuläre Kurve der Ordnung 2n die Maximalzahl von Zügen hat, so müssen wenigstens $^1/_2 (n-1)(n-2)$ von den $p + 1$ Ovalen interne sein.

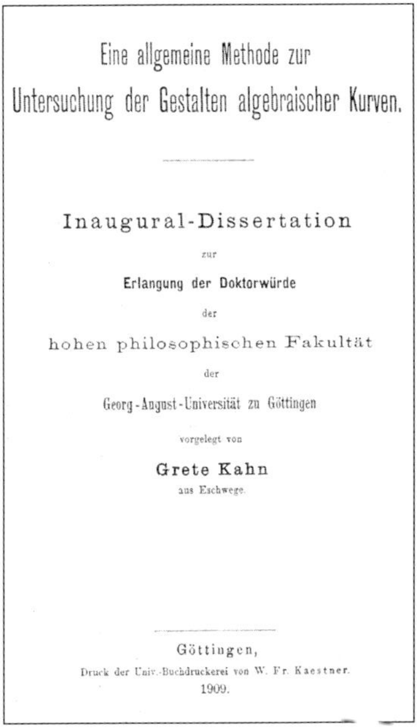
Eine allgemeine Methode zur
Untersuchung der Gestalten algebraischer Kurven.

Inaugural-Dissertation
zur
Erlangung der Doktorwürde
der
hohen philosophischen Fakultät
der
Georg-August-Universität zu Göttingen
vorgelegt von
Grete Kahn
aus Eschwege.

Göttingen,
Druck der Univ.-Buchdruckerei von W. Fr. Kaestner.
1909.

Titelblatt Dissertation Margarete Kahn

Margarete Kahn entwickelte ein allgemeines Kontinuitätsverfahren für die Lösung des Problems in ihrer Dissertation *Eine allgemeine Methode zur Untersuchung der Gestalten algebraischer Kurven.*

Hilbert betonte im Gutachten zur Dissertation:
Die bisher in der Theorie der algebraischen Kurven angewandten Methoden reichen nicht aus, um die tieferen und schwierigen Probleme, die sich auf die Lage der einzelnen Kurvenzüge beziehen (Topologie der Kurven), mit Erfolg anzugreifen. Dazu bedarf es vielmehr eines ganz neuen Forschungsmittels, das sich als ein »Continuitätsverfahren« bezeichnen lässt. Dieses Continuitätsverfahren, dessen Idee ich Frl. Kahn mitgeteilt habe, ist nun in der vorliegenden Arbeit mit grosser Gewissenhaftigkeit, mit vielem Fleisse und Scharfsinn ausgearbeitet worden. Damit die Gedanken, die der Methode wesentlich sind, klar hervortreten und die Entwicklungen nicht wegen zu grosser Allgemeinheit die Aufmerksamkeit des Lesers ermüden, hat Frl. Kahn auf meinen Wunsch nur gerade die Entwicklungen für diejenigen Singularitäten – diese aber auch aufs ausführlichste – behandelt, die für das Problem nöthig sind, die Lage der Kurvenzüge einer ebenen Kurve 6ter Ordnung auf ihr Getrenntsein hin zu untersuchen. In der That ist es Frl. Kahn gelungen, diese Untersuchung soweit völlig durchzuführen, dass die Beantwortung der genannten Frage nach der Curve 6ter Ordnung auf Grund ihrer Entwicklungen möglich geworden ist.
Klara Löbenstein wandte diese Methode in ihrer Dissertation *Beweis des Satzes, dass eine algebraische Curve 6. Ordnung mit 11 getrennten Ovalen nicht existiren kann* auf

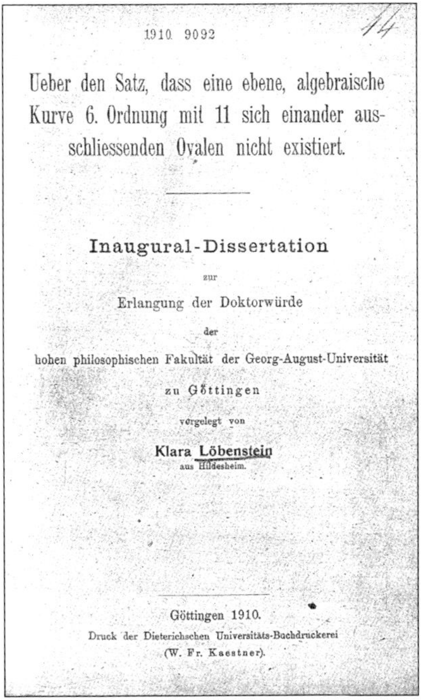

1910. 9092

Ueber den Satz, dass eine ebene, algebraische Kurve 6. Ordnung mit 11 sich einander ausschliessenden Ovalen nicht existiert.

Inaugural-Dissertation

zur

Erlangung der Doktorwürde

der

hohen philosophischen Fakultät der Georg-August-Universität

zu Göttingen

vorgelegt von

Klara Löbenstein

aus Hildesheim.

Göttingen 1910.

Druck der Dieterichschen Universitäts-Buchdruckerei

(W. Fr. Kaestner).

Titelblatt Dissertation Klara Löbenstein

einen wichtigen Satz an. Sie konnte zeigen, dass eine Kurve 6. Ordnung mit elf sich einander ausschließenden Ovalen durch Reduktion der Ovale in das Quadrat einer Kurve 3. Ordnung überzuführen wäre.

Im Gutachten zu Klara Löbensteins Arbeit formulierte Hilbert: *Dieser schwierige Beweis*[1] *ist vollständig streng mit vielem Scharfsinn und Fleiss ausgearbeitet worden und wird – davon bin ich*

1 Aus einem Schreiben Hilberts vom 19.12.1909 an den Dekan geht hervor, dass der Abgabetermin der gedruckten Exemplare bis zum 1.3.1910 verlängert wurde, um eine noch entdeckte Lücke im Beweis – gegen Schluss der Arbeit – auszufüllen. Der Titel der Dissertation wurde in der gedruckten Version leicht geändert (vgl. Löbenstein 1910).

überzeugt – in Fachkreisen mit grossem Interesse aufgenommen werden, da dieser Satz die erste tiefer liegende und schwierige Thatsache aus der Kurventopologie zum Ausdruck bringt. Die Darstellung ist flüssig und leicht verständlich.

Kurven dieser Art werden heute in CAD-Systemen (Computer Aided Design) verwendet, um beliebige Flächen zu beschreiben. Computerprogramme für Architekten ermöglichen damit zum Beispiel dreidimensionale Entwürfe.

Beide Frauen hatten ihre Dissertationen gleichzeitig, am 4. Juni 1909, eingereicht. Hilbert bescheinigte ihnen in den Gutachten die Befähigung zu *strenger analytischer Forschungsweise*, beurteilte die Arbeiten mit dem Prädikat *Opus valde laudabile*, also mit »sehr gut«, und betonte, dass die Darlegungen allen zu stellenden Anforderungen genügen. Er befürwortete, dass Kahn und Löbenstein zur mündlichen Doktorprüfung zuzulassen sind. Dies sollte jedoch zunächst durch Gegner des Frauenstudiums ausgebremst werden.

5.2 Auseinandersetzungen mit Gegnern des Frauenstudiums

Als Hilbert im Jahre 1899 seine erste Doktorandin, die US-Amerikanerin Ann Lucy Bosworth zur Promotion zu führen gedachte, hatte er sich ausführlich auf die entscheidende Sitzung in der Philosophischen Fakultät vorbereitet, in welcher noch Mathematiker, Naturwissenschaftler, Philosophen, Philologen und Historiker gemeinsam über derartige Verfahren zu entscheiden hatten. Hilberts Text zum Thema *Über Frauenstudium*, der in seinem Nachlass handschriftlich aufbewahrt ist, enthielt u.a. die Worte: *Es stehen ja manche unter Ihnen, meine Herren, dem Frauenstudium nicht günstig gegenüber. Ich bitte Sie aber für das Fach der Math.[ematik] von einer Bethätigung dieser Abneigung abzusehen.*
Hilbert wusste, dass sich besonders einige Geisteswissenschaftler seiner Fakultät als Gegner des Frauenstudiums exponierten; dazu zählten der Anglist Lorenz Morsbach und der Germanist Edward Schröder. Sie gehörten einer seit 1891 bestehenden deutschnationalen Bewegung an, die mit einem nationalistischen und expansionistischen, z.T. stark antisemitischen und antislawischen Programm auftrat. Wie verfestigt die Positionen von Morsbach und Schröder waren, zeigt auch eine spätere Äußerung des erwähnten jüdischen Mathematikers Richard Courant, der seinem Doktorvater Hilbert am 12. Oktober 1918

vom Einsatz im Ersten Weltkrieg schrieb: *Ich freue mich schon auf den Augenblick, wo ich des »Königs Rock« ausziehen kann, um nicht in das Deutschland von Morsbach und Schröder zurückzukehren, sondern in dem von Hilbert und Einstein mitzuarbeiten.*

Die Professoren Morsbach und Schröder waren Mitglieder des Promotionsausschusses, der 1909 über die Verfahren von Margarete Kahn und Klara Löbenstein zu befinden hatte. Dieser Ausschuss wurde vom Professor für angewandte Mathematik Carl Runge, damals Dekan der Fakultät und besonderer Befürworter des Frauenstudiums, geleitet. Zum Ausschuss gehörten außerdem: die Mathematiker Hilbert, Felix Klein und Edmund Landau, der Physiker Woldemar Voigt, der Experimentalpsychologe Georg-Elias Müller, der Professor für angewandte Elektrizitätslehre Hermann Theodor Simon und der Ägyptologe Kurt Sethe. Margarete Kahn und Klara Löbenstein hatten die mit dem Gesuch um Zulassung zur mündlichen Doktorprüfung einzureichenden Lebensläufe ähnlich formuliert. Diese Lebensläufe waren für Schröder Anlass, eine Geringschätzung der Fakultät zu konstatieren und für Nichtzulassung zu plädieren. Schröder schrieb am 18. Juni 1909 eigenhändig in Margarete Kahns Promotionsakte:

Ich beantrage die Zulassung zunächst auszusetzen. Die von dem Decan, den Referenten und den nächsten Votanten übersehene, erst von Koll. Simon aufgedeckte

Tatsache, dass die beiden Kandidatinnen Löbenstein und Kahn die eine ihre Vita, und obendrein eine recht geschmacklose Vita[2]*, die so keinesfalls zum Druck gelangen dürfte, von der anderen buchstäblich abgeschrieben hat, ist derart, dass sie zunächst der Facultät zur Kenntnis unterbreitet werden muß. Wenn es sich hier nicht geradezu um eine Verhöhnung der Facultät handelt, so doch um eine Geringschätzung ihrer Institutionen und einen Mangel an geistiger Reife und Tact, der ohne ernste Rüge der Facultät nicht hingenommen werden darf. Ich schlage vor, dass wir die Gutachten über den Wert der eingereichten wissenschaftlichen Arbeiten zwar als erledigt ansehen, die Entscheidung über die Würdigkeit beider Kandi-*

---

2 Zum Vergleich sei Löbensteins Vita zitiert, die dann in der gedruckten Version leicht abgeändert wurde: »Lebenslauf, ich, Klara Löbenstein, bin am 15. Februar 1883 in Hildesheim geboren. Nachdem ich im Jahre 1904 am Realgymnasium I in Hannover das Reifezeugnis erhalten hatte, wandte ich mich dem Studium der Mathematik, Physik und Philosophie zu. Meine ersten drei Studiensemester verbrachte ich in Berlin, das vierte in Göttingen, das fünfte in Berlin und die folgenden vier wieder in Göttingen. Ich besuchte die Vorlesungen und Übungen der Herren Professoren Drude und Schwarz in Berlin, Hilbert, Klein, Müller, Voigt in Göttingen. Allen diesen Herren, besonders meinem verehrten Lehrer Herrn Geh. Rat Prof. Dr. David Hilbert, spreche ich meinen herzlichen Dank aus.« (UAG, Phil. Fak. Prom.-Spec. L,Vol. II, 1908–13, Nr. 4)

datinnen aber der Facultät vorlegen. Darüber wird zunächst der Ausschuß abstimmen.

Morsbach und Sethe stimmten diesem Antrag Schröders zu. In den Promotionsakten äußerten sich nun alle Ausschussmitglieder. Hilbert sah sich zu detaillierten Ausführungen veranlasst:

»Daß die beiden Kandidatinnen den Gang ihrer gemeinsam betriebenen Studien auch mit den gleichen Worten geschildert haben, ist eine Kinderei – weiter nichts. Am allerwenigsten haben sie dabei an eine Verhöhnung der Institutionen unserer Facultät gedacht.

Die Kandidatinnen, die ich gut kenne, da sie seit lange in meinem Hause verkehren, schätze ich persönlich sehr hoch – wegen ihrer treuen Hingebung an die Wissenschaft, ihres unermüdlichen Fleißes und ihrer offenkundigen Fähigkeiten. Seit Jahren haben sie sich nicht die geringste Erholung während der Ferien, kaum eine Heimreise während einzelner Festtage gegönnt. Das von ihnen erarbeitete Material geht weit über die in ihren Dissertationen entwickelten Resultate hinaus. Die beiden Damen sehen auch ihre Studien durchaus nicht als vollendet an, sondern wollen nach bestandenem Examen noch einige weitere Semester hier bleiben, um sich auch in der hiesigen mathematischen Gesellschaft zu betätigen, zu der ich Ihnen die Aufnahme alsdann in Aussicht gestellt habe. Die Resultate ihrer Dissertationen, die ich für sehr wertvoll halte, will ich später in den mathematischen Annalen zur Veröffentlichung bringen.[3]

Sollte der Ausschuss auf dieses mein Urteil über die Würdigkeit der beiden Kandidatinnen nichts geben, so bitte ich, Herrn Kollegen G.E. Müller um ein Gutachten über die Damen zu ersuchen. Denn bei Kollegen Müller haben die Damen ebenfalls lange Zeit und, wie ich weiß, sehr fleißig gearbeitet; als Resultat ihrer Tätigkeit ist eine experimentell physiologische Abhandlung entstanden, die Herr Kollege Müller publizieren will.

Ich bin überzeugt, dass die Facultät mit den beiden Doktorandinnen Ehre einlegen wird.

Ich beantrage, dem von dem Herrn Decan vorgeschlagenen Verfahren zuzustimmen.

Hilbert.

P.S.: Ich kann mir nicht versagen, mich gegen das Votum des Herrn Kollegen Schröder speziell zu wenden. Dasselbe enthält zunächst einen Verstoß gegen die Logik. Es ist Herrn Kollegen Simon nicht eingefallen, die »Tatsache zu entdecken«, dass von den beiden Kandidatinnen die

3 Es ist keine selbständige Veröffentlichung der Frauen erschienen, aber Hilbert verwies in seinem 1909 in der Zeitschrift *Mathematische Annalen* publizierten Aufsatz »Über die Gestalt einer Fläche vierter Ordnung« auf die Ergebnisse der beiden Dissertationen, in denen »einer der tiefstliegenden Sätze aus der Topologie der ebenen algebraischen Kurven« bewiesen wurde (Hilbert 1933, S. 453).

eine von der anderen buchstäblich abgeschrieben hat. Wenn sich sowohl in den Schriften von Goethe wie von Schiller eine gleichlautende Xenie findet, so ist der nächstliegende Schluss der auf die gemeinsame Autorschaft. Was endlich den Gedanken des Herrn Kollegen Schröder betrifft – an eine Verhöhnung der Facultät seitens der beiden Damen oder gar, dass es sich um eine Geringschätzung ihrer Institutionen handelt, die die beiden Damen nach Herrn Kollegen Schröder in der Vita zum Ausdruck bringen sollen, so ist dies eine Ungeheuerlichkeit, wie ich sie in der an Wunderlichkeiten reichen Facultätsmappe bisher noch nicht angetroffen habe. Hilbert

Das Geschick des Dekans Carl Runge und das positive Votum der in der Mehrheit befindlichen mathematisch-naturwissenschaftlichen Ausschussmitglieder führten schließlich dazu, dass die Promotionsverfahren von Margarete Kahn und Klara Löbenstein mit dem Rigorosum fortgesetzt werden konnten und nicht erst noch einmal an die Gesamtfakultät zurückverwiesen werden mussten. Runge, seit 1904 in Göttingen erster Lehrstuhlinhaber Deutschlands für angewandte Mathematik, gehörte wie die meisten Mathematiker zu den Befürwortern des Frauenstudiums – auch zwei seiner vier Töchter wurden promoviert. Der Streit innerhalb der philosophischen Fakultät trug dazu bei, dass die Philosophische Fakultät im Jahre 1910 in eine mathematisch-naturwissenschaftliche und eine historisch-philologische Abteilung gegliedert wurde, die ab 1922 getrennte Fakultäten bildeten.

5.3 Rigorosum und Staatsexamen für das Höhere Lehramt

Margarete Kahn und Klara Löbenstein absolvierten am 30. Juni 1909 in der Kleinen Aula ihr Rigorosum, die mündliche Doktorprüfung, in den von ihnen gewählten Fächern. Als Uhrzeit ist der Beginn um 6.05 Uhr [i. e. 18:05; die Verf.] in den Akten vermerkt. Sie wurden im Hauptfach Mathematik von Hilbert und in den Nebenfächern Physik und Philosophie/Psychologie von Woldemar Voigt bzw. Georg-Elias Müller geprüft. Hilbert prüfte zuerst Margarete Kahn 45 Minuten lang über die folgenden Themen: *Theorie der analytischen Funktionen: Cauchy-Riemannsche und Weierstraßsche Definition, Charakterisierung der Funktionenklasse nach ihren Singularitäten, Exponent und Höhe einer Funktion. Transcendenz von e und π, Flächenkrümmung. Partielle Differentialgleichungen erster Ordnung, Legendresche Transformation. Die Antworten waren zufriedenstellend.* Voigt wählte in 30 Minuten folgende Prüfungsgegenstände: *Gleichungen der lebendigen Kraft in der Mechanik, Energie; Anwendung in der Thermodynamik u. Elektrodynamik. Die Maxwell-Gleichungen; elektrische Schwingungen. Schwingende Elektronen, Zeemann-*

Effekt. Elektrostatisches und elektromagnetisches Maassystem. Die Kand. weiß allerlei, lässt aber tiefer eindringendes Verständnis vermissen. Ebenfalls 30 Minuten lang prüfte Müller und schrieb in die Promotionsakte: *Die Prüfung bezog sich auf die anomalen Farbensysteme, die verschiedenen Arten von Farbenblindheit u. dergl., auf die Methodik der Versuche nach der Konstanzmethode, den regulären Gang der Resultate, das Lernen in Komplexen, das rhythmische Lernen, die Selbstbeobachtung. Cand. zeigte ein genügendes Wissen.* Daraufhin wurde als Gesamtnote für die mündliche Prüfung *cum laude*, also »gut« erteilt.

Klara Löbensteins Rigorosum fand zur selben Zeit statt, wobei die Reihenfolge der Prüfer vertauscht war. Sie wurde zunächst in theoretischer Physik von Voigt examiniert: *Verschiedene Typen partieller Differentialgleichungen. Elektrizität, Bedingungen für das Potential, Greenscher Satz, Potentiale von Dielektrica und Magnetismus. Elastische Schwingungen, Maxwellsche Gleichungen. Uebergang zur elektromagnetischen Lichttheorie. Elektronen. Die Kenntnisse der Kand. sind ziemlich eng begrenzt, können aber genügen.* Müller berichtete: *Die Prüfung bezog sich auf die Nachbilderscheinungen bei momentanen Lichtreizen, auf die Besonderheiten der schwarzweißen Empfindungsreihe, die Gedächtnisfarben, die galvanischen Gesichtsempfindungen, die summarische Untersuchung des Einflusses der Zeitlage, die Urteils-*

richtung, die Oekonomik des Lernens. Die Kenntnisse waren ziemlich dürftig, aber noch genügend. Hilbert notierte fast identische Prüfungsgegenstände wie bei Kahn: *Grundlagen der Theorie der analytischen Funktionen, Cauchy's und Weierstraßsche Definition. Transcendenz von e und π. Flächenkrümmung. Charakteristikentheorie bei den partiellen Differentialgleichungen. Die Antworten waren ziemlich befriedigend.* Insgesamt wurde als Ergebnis *rite* angegeben. Nach den überstandenen Auseinandersetzungen war sie möglicherweise besonders aufgeregt und die Prüfer besonders streng.

Ein Jahr später, am 22. Juli 1910, legten beide wiederum zum gleichen Zeitpunkt die wissenschaftliche Prüfung für das Lehramt an höheren Schulen ab. Sie erreichten die Lehrbefähigung in den Fächern Mathematik, Physik und philosophische Propädeutik. Im Rahmen dieser Prüfung wurden die Dissertationen jeweils als eine von zwei zu schreibenden schriftlichen Staatsexamensarbeiten anerkannt. Damit hatten sie die wesentlichen Hürden genommen, um eine Berufskarriere als Lehrerinnen im höheren Schuldienst erreichen zu können. Aufgrund der neu etablierten Studienanstalten für das höhere Mädchenschulwesen bestand zum Zeitpunkt ihres Studienabschlusses gerade ein besonderer Bedarf an entsprechend ausgebildeten Lehrkräften, sodass sie auch mit ihrer jüdischen Konfession – die oftmals noch ein

Löbenstein, Klara 42

Landsberg / W, 21.1.22.

Hochverehrter Herr Geheimrat,

Als ehemalige Schülerin erlaube ich mir, mich der gewiss übergrossen Zahl der Gratulanten anzuschliessen und Ihnen an Ihrem 60. Geburtstage Kraft und Gesundheit für alle weiteren Jahre zu wünschen.

Das geistige Gut, das ich unter Ihrer Leitung habe erwerben können, ist das sichere Fundament, auf dem ich als Lehrerin der Mathematik meine Berufsarbeit aufgebaut habe. Dessen gedenke ich stets mit der grössten Dankbarkeit.

Ihre Ihnen in Verehrung ergebene

Klara Löbenstein.

Brief Löbenstein an Hilbert

Hinderungsgrund für Anstellungen im Staatsdienst darstellte – Positionen im preußischen öffentlichen Mädchenschulwesen erlangen konnten.
Klara Löbenstein blieb noch lange Zeit mit Hilbert in Kontakt. Sie schrieb ihm am 21. Januar 1922 anlässlich seines 60. Geburtstages sowie zehn Jahre später auch zum 70. Geburtstag. Die Briefe sind in Hilberts Nachlass erhalten.

Hochverehrter Herr Geheimrat,

Als ehemalige Schülerin erlaube ich mir, mich der gewiss übergrossen Zahl der Gratulanten anzuschliessen und Ihnen an Ihrem 60. Geburtstag Kraft und Gesundheit für alle weiteren Jahre zu wünschen.

Das geistige Gut, das ich unter Ihrer Leitung habe erwerben können, ist das sichere Fundament, auf dem ich als Lehrerin der Mathematik meine Berufsarbeit aufgebaut habe. Dessen gedenke ich stets mit der grössten Dankbarkeit.

Ihre Ihnen in Verehrung ergebene
Klara Löbenstein

6 Jüdische Frauen im Höheren Lehramt

Margarete Kahn und Klara Löbenstein gehörten zu den wenigen jüdischen Frauen, die als Oberlehrerinnen, später Studienrätinnen, im preußischen Staatsdienst tätig waren. Unsere Analyse einer repräsentativen Stichprobe von Personen, die im Zeitraum von 1902 bis 1940 in Preußen ein Lehramtsstaatsexamen in Mathematik und weiteren zwei Fächern absolvierten, ergab, dass 2,7 Prozent der weiblichen Personen ihre Konfession mit »jüdisch« angaben. Von den Frauen, die von 1907 bis 1936 mit einer mathematischen Dissertation den Doktortitel an deutschen Universitäten erwarben, gehörten – wie erwähnt – etwa 13 Prozent der jüdischen Religion an. Im weiteren Berufsverlauf an einer Schule konnte keine dieser Jüdinnen über die Position der Studienrätin hinaus zur Oberstudienrätin oder Studiendirektorin aufsteigen. Das betraf auch ihre männlichen jüdischen Kollegen.

In Hildesheim zum Beispiel war Amalie Loewenberg in den 1920er Jahren die einzige Studienrätin jüdischer Konfession, die wie Klara Löbenstein 1910 ein Vorbereitungsjahr an der Sophienschule in Hannover absolvierte. Sie studierte Deutsch, Französisch und Latein in Heidelberg, München und Bonn. Während des Ersten Weltkrieges wurde sie von dem Direktor des Hildesheimer Lyzeums, vormals Töchterschule, als »akademische Hilfslehrerin ins Auge gefasst«, weil Lehrer, die kriegsversehrt, an der Front oder gefallen waren, an allen Schulen fehlten.

Margarete Kahn und Klara Löbenstein hatten zunächst nicht die Möglichkeit, gemeinsam oder gar in der Nähe ihrer Heimatorte eingesetzt zu werden. Als Studienreferendarinnen, Studienassessorinnen und Studienrätinnen verschlug es sie an weit auseinander liegende Orte. Wie Klara Löbenstein in einem Brief vom 23. März 1922 an Hilbert berichtete, hatten beide zunächst noch brieflich Kontakt, dann aber wohl nach dem Ersten Weltkrieg sich ganz aus dem Augen verloren:

Es wird Sie wundern zu hören, dass wir beide seit Jahren gar nichts mehr voneinander wissen. Gleich der Eintritt in den Beruf warf uns ganz auseinander, Frl. Kahn nach dem Osten, nach Kattowitz, mich in den äussersten Westen nach Metz. Die grosse räumliche Entfernung wurde anfangs noch durch einen Briefwechsel überbrückt, bis schliesslich auch das aufhörte. Immerhin weiss ich noch von ihr selbst, dass es ihr bereits einige Jahre vor der Friedenskatastrophe gelang, eine Stelle an einer Dortmunder Studienanstalt zu erhalten. Dorthin habe ich Ihren Wunsch übermittelt, und der Brief ist bislang nicht zurückgekommen.

Es war mir eine willkommene Gelegenheit, mich mit der Genossin meiner wertvollsten Jahre wieder in Verbindung zu setzen.

6.1 Margarete Kahn

Margarete Kahn absolvierte ihre Seminar- und Probejahre ab Oktober 1910 in Kassel, in der Städtischen Höheren Mädchenschule am Ständeplatz 1, betreut durch das zuständige Königliche Pädagogische Seminar am Wilhelmshöher Platz (heute Brüder Grimm-Platz).
Während dieser Zeit wohnte sie meist bei der Witwe des Bürgermeisters Umbach am Königstor 23, wenige Wochen auch am Ständeplatz und in der Wolfsschlucht. Unmittelbar nach ihrer Prüfung als Studienassessorin wurde sie zur Oberlehrerin ernannt. Bereits am 21. Oktober 1912 meldete sie sich von Kassel ab, um ihre erste

Lyzeum am Ständeplatz

Wohnhaus Königstor 23

Kattowitz

Berlin-Tegel

Gymnasium Dortmund

Stelle am Gymnasium im oberschlesischen Kattowitz anzutreten.

Von dort wechselte sie im Jahre 1917 zum Schiller-Gymnasium nach Dortmund. Eine zwischenzeitlich angestrebte Anstellung am Lyzeum in ihrem Heimatort Eschwege war nicht zustande gekommen. Seit dem Wintersemester 1926/27 studierte sie zusätzlich Biologie an der Universität Münster. Dazu war sie zunächst von ihrer Stelle als Studienrätin in Dortmund beurlaubt worden, später setzte sie dieses Studium nebenberuflich fort. Zum Sommerhalbjahr 1929 wechselte sie erneut ihre Schule. Sie nahm eine Tätigkeit als Lehrerin an einem Lyzeum in Berlin-Tegel, Steinbergstraße 39 (jetzt Tile-Brügge-Weg 63; seit 1938 Gabriele-von-Bülow-Oberschule) an, und ging schließlich zum Winterhalbjahr 1929/30 an die Berliner 1. Städtische (realgymnasiale) Studienanstalt in der Frankfurter Allee 37 (während des Krieges zerstört; als Georg-Friedrich-Händel-Schule heute an der Frankfurter Allee 8) in Friedrichshain. Aus dieser Zeit ist ein handschriftliches Gutachten Kahns erhalten, das ihre Tätigkeit als Betreuerin von Studienreferendarinnen dokumentiert. Datiert am 20. März 1932, beurteilte sie die Arbeit der Studienreferendarin Rose Gadebusch, später verheiratet mit dem Mathematiker Hans Rohrbach, über die »Einführung in die Trigonometrie in einer Obersekunda einer realgymnasialen Studienanstalt« mit »Gut« und schrieb:

Die Ausführungen zeigen, daß die Probleme, die einerseits im Stoff liegen u. die anderseits durch die Arbeit in einer bestimmten Klasse erwachsen sind, von der Verfasserin klar erfaßt u. folgerichtig behandelt wurden.

6.2 Klara Löbenstein

Klara Löbenstein bewarb sich nach ihrem Staatsexamen für das Höhere Lehramt mit einem handschriftlichen Brief vom 28. Juli 1910 bei der Schulbehörde der preußischen Provinz Hessen-Nassau um einen Seminarplatz: *Hiermit erlaube ich mir die ergebene Anfrage, ob ich aufgrund beiliegender Zeugnisse an einer Anstalt in Kassel zur Ablegung des Seminarjahres zugelassen werden kann.*

Gehorsamst Dr. Klara Löbenstein.

Mag sein, dass sie gern mit ihrer Freundin Grete weiter zusammen sein wollte, auch lebte ihre Schwester Dora gerade jung verheiratet in Kassel. Schließlich begann sie das erste Vorbereitungsjahr, heute Referendariat genannt, zu Ostern 1911 in Hildesheim am damaligen Andreas-Realgymnasium für Jungen, dem heutigen Scharnhorst-Gymnasium, das sich 1885 von dem humanistischen, also an alten Sprachen und traditionellen Bildungsinhalten orientierten Andreanum, abgezweigt hatte.
Das zweite Vorbereitungsjahr absolvierte sie von Ostern 1912 bis Ostern 1913 an der Sophienschule in Hannover, an die als eine der ersten Mädchenschulen im Raum

Scharnhorst-Gymnasium Hildesheim

Hannover 1910 eine Studienanstalt angegliedert worden war. Während dieser Zeit rezensierte Klara Löbenstein Mathematik-Lehrbücher für höhere Mädchenschulen in der Zeitschrift *Die Lehrerin*. In ihrer Besprechung lesen wir: *Die Neuordnung des höheren Mädchenschulwesens vom Jahre 1908 hat den Rechenunterricht so gründlich umgestaltet, daß die bis dahin benutzten Rechenbücher unbrauchbar geworden sind.*

Sie lehnte bequemes Rechnen nach auswendig gelernten Regeln, ohne die Rechenoperation bewusst nachzuvollziehen, im Unterricht ab. Denn die *abgekürzte, beim*

praktischen Rechnen ausschließlich verwendete Regel muß künstlich herbeigeholt werden, anstatt organisch aus den vorausgehenden Betrachtungen herauszuwachsen. Der Zusammenhang zwischen Theorie und Anwendung bleibt so locker, daß die Schülerinnen bald ganz darüber hinwegsehen und nach der fertigen Regel dividieren, ohne sich über ihre Herkunft Rechenschaft ablegen zu können.
Klara Löbenstein war vom 15. September 1913 bis 15. August 1916 als Oberlehrerin an der Höheren Mädchenschule und Lehrerinnenbildungsanstalt in Metz, das damals als Hauptstadt Lothringens zum Deutschen Reich gehörte. Da es in der Grenzregion zu Frankreich schon 1914 zu Kriegshandlungen kam, wechselte sie zum 16. September 1916 nach Landsberg an der Warthe (poln. Gorzów Wielkopolski), wo sie am Lyzeum vorwiegend Mathematik in der realgymnasialen Studienanstalt unterrichtete. Die Liebe zu ihrer Heimatstadt Hildesheim verlor Klara Löbenstein offensichtlich nie. Im Jahresbericht der Schule von 1927/28 schrieb sie über ihre Studienfahrt mit der Prima:
Müde kam man abends in Hildesheim an. Als man aber plötzlich mitten in der Altstadt zwischen den alten Fachwerkbauten stand, da war alle Müdigkeit vergessen. (...) Am nächsten Morgen hielt ein Hildesheimer Künstler einen einleitenden Vortrag über die geschichtliche Entwicklung Hildesheims bis zur Jetztzeit. Er übernahm auch während der nächsten Tage meist die Führung der

Schülerinnen und verstand es, sie in die romantische und gotische Bauweise und den Baustil der Renaissance einzuführen und sie zu begeistern für die Kostbarkeiten mittelalterlicher kirchlicher und profaner Kunst. Manch stiller Winkel, sinnvoller Hausspruch, prachtvoller Fassadenschmuck, wertvoller Kunstgegenstand wurde durch ihn den Schülerinnen zugänglich gemacht, der sonst vielen Besuchern verborgen bleibt.

Lyzeum Landsberg/Warthe

7 Entlassung aus dem Schuldienst und weiteres Schicksal

Margarete Kahn und Klara Löbenstein waren schließlich 52 und 50 Jahre alt, als mit dem Beginn der NS-Herrschaft in Deutschland auch ihre Existenz bedroht war. Da sie bereits vor dem Ersten Weltkrieg verbeamtet worden waren, blieben ihnen zunächst noch zwei Jahre. Viele Kollegen jüdischer Herkunft waren nach § 3 BBG, dem Gesetz zur Wiederherstellung des Berufsbeamtentums vom 7. April 1933, schon zum Ende des Jahres 1933 entlassen worden, mit der Ausnahmebestimmung, dass jüdische Beamte – im Sinne der Rassegesetze – in ihren Positionen bleiben konnten, wenn sie vor dem Kriege eingestellt worden waren. Nach einer Verordnung des so genannten Reichsbürgergesetzes vom 15. September 1935 wurden jedoch auch diese aus ihren Positionen verdrängt. Emmy Noether hatte 1933 ihre nicht verbeamtete, außerordentliche Professur an der Universität Göttingen sofort verloren und konnte in die USA emigrieren. Für Studienrätinnen dieser Generation war es schwieriger, einen Arbeitsnachweis für die aufnehmenden Exilländer zu erhalten, um aus Deutschland fliehen zu können, wenn sie nicht bereits emigrierte Angehörige hatten, die für sie bürgten.

7.1 Margarete Kahn

Margarete Kahn wurde zunächst aufgrund des genannten Gesetzes vom 7. April 1933 in den Zwangsurlaub geschickt. Ihr wurde mitgeteilt, dass sie zum 30. September 1933 ganz aus dem preußischen Schuldienst auszuscheiden habe. Wegen ihrer bereits vor dem Ersten Weltkrieg erfolgten ersten Anstellung als Lehrerin konnte sie ihre Tätigkeit jedoch in Berlin-Pankow fortsetzen. Sie wurde als Klassenlehrerin an das Oberlyzeum (jetzt Carl-von-Ossietzky-Gymnasium) in der Görschstraße

Oberlyzeum Pankow

42/44 berufen, um ab dem 28. Oktober 1933 die Vertretung eines plötzlich verstorbenen Kollegen zu übernehmen. Aufgrund des Reichsbürgergesetzes wurde »die volljüdische Studienrätin Kahn« schließlich zum 30. Oktober 1935 erneut beurlaubt und mit Wirkung vom 1. Januar 1936 in den Ruhestand versetzt.

Da sie nicht emigrierte bzw. emigrieren konnte, erlitt sie das Schicksal zahlreicher in Deutschland verbliebener jüdischer Bürger. Jahrelang hatte sie in einer Wohnung in Schöneberg in der Rudolstädter Straße 127 gelebt. Dort war im Dezember 1939 auch ihre inzwischen ganz auf sich allein gestellte Schwester Martha Ursell aus Attendorn eingezogen. Im Juli 1941 mussten sie diese Wohnung jedoch aufgeben und sich in der Motzstraße 75 ein Vorderzimmer mit »WC-, Badezimmer- und Küchenbenutzung (sowie) 2x Warmwasser in der Woche« als Untermieterinnen bei einem jüdischen Hauptmieter teilen. Außerdem hatten sie, inzwischen über 50 und 60 Jahre alt, nun als »Fabrikarbeiterinnen« Zwangsarbeit in der Firma »Nordland Schneeketten« in der Lützowstraße 105 zu leisten, 48 Wochenstunden, die mit je 55 Pfennig vergütet wurden. Am 28. März 1942 wurden sie aus dem Sammellager in der Levetzowstraße in den polnischen Ort Piaski, Bezirk Lublin, deportiert (11. Transport nach Trawniki). Zuvor hatten beide am 14.März noch eine sog. »Vermögenserklärung« auszufüllen gehabt, in der neben einer Finanzübersicht alle großen und kleinen Besitz-

Wohnhaus Rudolstädter Straße 127

tümer, vom Möbel- bis zum z. T. »sehr verbrauchten« Wäschestück, aufgeführt werden mussten, die von den Finanzbehörden später »interessierten Volksgenossen« zum Kauf angeboten wurden. An Bargeld war Grete ein Betrag von 100 Reichsmark verblieben, Martha hatte noch 65 Reichsmark bei sich, davon berechnete die Reichsbahn je 50 Reichsmark für den Transport in den Tod. Beide gelten seither als »verschollen«.

Im Sammellager der Synagoge Levetzowstraße an der Spree spielte sich nach Berichten Überlebender Unvorstellbares ab. Bis zum Abtransport hatten die Eingeschlossenen, wie oben genannt, detaillierte Angaben in Formulare einzutragen, zu ihrer Person, ihrem flüssigen Vermögen, Wertpapieren, Liegenschaften, Kunst- und Wertgegenständen, Forderungen und Versicherungen, Wohnungsinventar und Kleidungsstücken.

Stolperstein Rudolstädter Straße 127

Berliner Mathematiker veranlassten, dass am 13. September 2008 in Berlin-Wilmersdorf vor dem Haus Rudolstädter Straße 127, als Margarete Kahns letztem freiwilligen Wohnsitz, ein Stolperstein zu ihrer Erinnerung gesetzt wurde. Auch in ihrer Heimatstadt Eschwege erinnert seit dem 26. Mai 2010 ein Stolperstein vor dem ehemaligen Elternhaus am Stad an das erste »Fräulein Doktor« aus Eschwege.

7.2 Klara Löbenstein

Auch Klara Löbenstein wurde nach dem erwähnten Reichsbürgergesetz zunächst beurlaubt und zum 1. Januar 1936 in den Ruhestand versetzt, ein Anlass für sie, nach Hildesheim zurückzukehren. Aus dem Lyzeum mit Studienanstalt in Landsberg wurde nach 1933 eine Frauenoberschule, so auch die Goetheschule, die Nachfolgerin der Töchterschule in Hildesheim. An diesem Schultyp dominierte nun hauswirtschaftlicher Unterricht, aus Mathematik wurde wieder Rechnen im Alltag. Ein vom zuständigen Ministerium gelobter »Entwurf eines Lehrplans« dieser Hildesheimer Schule forderte sogar »deutsches Rechnen« – im Gegensatz zur »jüdischen Mathematik«.

Schon im Oktober 1936 wurde das Textilhaus *Löbenstein & Freudenthal* arisiert. Ein Foto aus dem Jahr 1940 zeigt den Niedergang der Familie und den des Hauses, das Klara Löbenstein mit ihrer Schwester Dora Rubensohn bewohnte. Die Fassade wurde zurückgebaut, der Portikus abgebrochen, die Säulen stehen als Stümpfe an einer maroden Veranda. Offensichtlich fehlten die Mittel, um es instand zu halten. 1938 musste das Wohnhaus Löbenstein an einen Arzt verkauft werden. Von da an lebte Klara Löbenstein in der Friesenstraße 3, in einem der schrecklichen Judenhäuser, wo Hildesheimer Juden unter katastrophal beengten Verhältnissen zusammenrücken mussten - unter ihnen ehemalige Töchterschülerinnen, die 1942 von hier aus deportiert wurden. Viele von ihnen waren alt, verarmt oder alleinstehend und vielleicht im Vertrauen auf den Respekt vor dem Alter, ihrer sozialen Stellung oder auch wegen ihrer patriotischen Gesinnung in Deutschland geblieben. Klara Löbenstein erlebte noch die Pogrome im November 1938 und die Zerstörung der Synagoge am Lappenberg. Wie andere in Hildesheim verbliebene Juden sah sie unter diesem Druck eine Rettung nur in der Emigration. Mit der vagen Aussicht, »in einer Quäkerkolonie in England unterzukommen, um dann nach Palästina weiterzureisen«, bat sie am 14. März 1939 die Behörden, ihr nach »Verlegung ihres Wohnsitzes ins Ausland die Pension weiterzuzahlen«, denn über ihr Geld, das auf einem Sperrkonto der Deutschen Bank läge, dürfe sie nicht verfügen. Die Geheime Staatspolizei teilte mit, dass durch die »Transferierung der anfallenden Zinsen ihres gesperrten Vermögens in Höhe von 3000,-- RM jährlich der Lebensunterhalt der Löbenstein (sic!) hinreichend gesichert« sei. Am 9. August 1939 wurde ihr Ersuchen abgelehnt. Ein Hildesheimer Anwalt berichtete Jahre später in seinen Erinnerungen, dass Dr. Klara Löbenstein nach Argentinien emigrierte. Am 5. Oktober 1941 kam sie mit dem Dampfer »Monte Albertia« in Buenos Aires an und meldete sich am 23. Oktober bei dem später AFI, Asociación Filantrrópica Israelita, genannten Hilfsverein Deutschsprechender Juden in Buenos Aires. Sie wurde als »Studienrätin« eingetragen. »Sprachkenntnisse: Englisch, Französisch, Spanisch und Hebräisch. Angefordert von der Schwester Erna Karg. Reise bezahlt durch Erich Karg. Gute Stellung als Lehrerin in Mathematik und Sprachen!« Am 21. Dezember 1941 erhielt sie eine Empfehlung vom Britischen Konsulat in Buenos Aires, was für einen vorangegangenen Aufenthalt in Großbritannien sprechen könnte. Zu dieser Zeit waren Immigrationen in Argentinien schon sehr erschwert worden und nur noch im Rahmen von Familienzusammenführungen möglich, und zwar mit dem Nachweis, dass die Angehörigen für den Lebensunterhalt des Flüchtlings aufkommen konnten. Die Schwestern Klara und Erna hatten so in der Emigration wieder zusammengefunden. Wie Klara Löbenstein in Buenos Aires lebte und wann und wo sie starb, ist bis heute nicht bekannt. In ihrer Heimatstadt Hildesheim verbrannten in den letzten Kriegsmonaten 1945 bei Bombenangriffen die alten Straßen der Stadt, das Geschäftshaus der Familie, ihr Elternhaus und die

Höhere Töchterschule in der Goslarschen Straße sowie das Andreas-Realgymnasium. Das Hildesheim und die Universitätsstadt Göttingen, wie Klara Löbenstein sie noch kannte, mit reicher Tradition, Kultur und Zivilisation, bürgerlicher und jüdischer Lebenswelt waren für immer untergegangen.

Bibliographie

Quellen

STADTARCHIV ATTENDORN
– Materialien betr. Familie Ursell
ARCHIV DER MODELLSCHULE OBERSBERG BAD HERSFELD
– Reifeprüfungsakte Margarete Kahn August/September 1904
ARCHIV DER STIFTUNG NEUE SYNAGOGE BERLIN/ CENTRUM JUDAICUM
– Mitteilung über das Schicksal von Dr. Margarete Kahn
BIBLIOTHEK FÜR BILDUNGSGESCHICHTLICHE FORSCHUNG BERLIN (BBF) – ARCHIV
– Archivdatenbank/Personalbögen der Lehrer höherer Schulen in Preußen. Margarete Kahn und Klara Löbenstein. http://www.bbf.dipf.de/cgi-opac/hans.pl
– Jahresbericht über das Schuljahr 1927/28 am städtischen Lyzeum mit realgymnasialer Studienanstalt in Landsberg a.W. DE-B478 Sign.: 2AS 4930
– Personalberichte 1922 – 1940 Städt. Lyzeum m. Oberlyzeum u. realgymnasialer Studien-Anstalt Landsberg a./W. - Sammlungen der Gutachterstelle des BIL. BBF/ DIPF/ Archiv, GUT Pers. 160. (Klara Löbenstein)
– Gutachten für Rose Gadebusch von Margarete Kahn. Rose Gadebusch [Verfasserin]: Einführung in die Trigonometrie in einer Obersekunda einer realgymnasialen Studienanstalt. Berlin, 1932. 33 Bl. masch. Gutachterstelle des BIL – Assessorenarbeiten – Mathematikunterricht. Signatur: GUT ASS 359

– Jahresberichte Lyzeum Tegel, 1. Städt. Studienanstalt, Oberlyzeum Pankow, 1929–1935
– Personalberichte höherer Schulen. Signatur: GUT Pers. 251, 353, 944

BUNDESARCHIV BERLIN
– Volkszählungsdatei 17. Mai 1939
– Residentenliste betr. jüdische Bevölkerung
– Bestand Reichsministerium für Wissenschaft, Erziehung und Volksbildung. Personalakte Klara Löbenstein R 4901 / 19273 (Pensionsfortzahlung)

LANDESARCHIV BERLIN
– Meldekartei, Adressbücher

STAATSBIBLIOTHEK BERLIN
– Jahresberichte der Städtischen Höheren Töchterschule Hildesheim
– 1878/1906. Schulschriften Ah 18765 (Klara Löbenstein)
– Nachlass Georg Schünemann N. Mus. Nachla. 75, C 1789 (Frieda Loebenstein)

STADTARCHIV ESCHWEGE
– Schulakten der Höheren Töchterschule; Meldekartei; standesamtliche Register

UNIVERSITÄTSARCHIV GÖTTINGEN
– Philosophische Fakultät, Promotionsakten: Specialia Litt. K, Vol II, 1909-1912, Nr. 8 (Kahn). – Prom.-Spec. L, Vol. II, 1908-13, Nr. 4 (Löbenstein).
– Akte zum Frauenstudium 1905-1920: Dek. II. Ph/55.

STADTARCHIV GÖTTINGEN
– Vorlesungs- und Personalverzeichnisse der Georgia Augusta 1904-1910.
– Einwohner-Melde-Register 1906 – 1910 (Kahn/Löbenstein)
– Standesamt, Sterbebuch 1905/415

NIEDERSÄCHSISCHE UNIVERSITÄTS- UND STAATSBIBLIOTHEK GÖTTINGEN (SUB)

- Nachlass David Hilbert: Cod. Ms. Hilbert 42a; 452b; 452c; 463. – 92 b (Brief Richard Courant)

STADTARCHIV HILDESHEIM

- Die Wahl der Vorsteher, Rechnungsführer und der Mitglieder des engeren Ausschusses 1873 – 1920. StAHi Bestand 102 Nr. 9116, Acta betr. (Lehmann Löbenstein)
- Geschäftsanzeige. Hildesheimer Allgemeine Zeitung vom 10.5.-1936. (Arisierung von *Löbenstein & Freudenthal* und Neueröffnung Kressmann)
- Adressbücher Hildesheim
- Meldeakten der Stadt Hildesheim. Best. 102 Nr. 7427, Zeitraum: 1874-1945

STADTARCHIV KASSEL

- Meldekartei (Familie Rubensohn und Margarete Kahn)

HESSISCHES STAATSARCHIV MARBURG

- Bestand 151 Acc.1938/9, Nr. 924. (Bewerbung Löbenstein um Seminarplatz)
- Bestand 152 Acc. 1938/39, Nr. 2076 (Jahresberichte Studien-Anstalt Kassel)
- Bestand 152 Acc. 1938/39, Nr. 2082 (Jahresbericht Städt. Höhere Mädchenschule)

BRANDENBURGISCHES LANDESHAUPTARCHIV POTSDAM

- Bestand Rep. 36 A Oberfinanzpräsident Berlin-Brandenburg, Nr. 18119 (Vermögenserklärungen Margarete Kahn und Martha Ursell)
- Bestand Rep. 36 A Oberfinanzdirektion Berlin-Brandenburg II, Nr. 55116 (11.Transport)

Literatur

ABELE, Andrea; NEUNZERT, Helmut; TOBIES, Renate: *Traumjob Mathematik! Berufswege von Frauen und Männern in der Mathematik.* Basel 2004.

BECK, Thomas: *Eine alte Tür aus Datterode. Heimatverein Datterode e.V. erforscht mit Erfolg den Verbleib einer jüdischen Laubhüttentür (Sukkah) aus dem Dorf.* In: Eschweger Geschichtsblätter, 20 (2009), S. 62ff. http://www.heimatverein-datterode.de/juden_geschichte.html

BERGMANN, Birgit; EPPLE, Moritz (Hg.): *Jüdische Mathematiker in der deutschsprachigen akademischen Kultur.* Berlin/Heidelberg 2009.

FESTSCHRIFT. *150 Jahre Tellkampfschule. Höhere Bürgerschule - Realgymnasium – Tellkampfschule.* Hannover Juni 1985.

FREIDENREICH, Harriet Pass: *Female, Jewish and Educated. The Life of Central European University Women.* Bloomington, Indiana, 2002.

HEINSOHN, Kirsten: *Der lange Weg zum Abitur: Gymnasialklassen als Selbsthilfe-Projekte der Frauenbewegung.* In: Geschichte der Mädchen- und Frauenbildung, Bd. 2, hrsg. v. Elke Kleinau/ Claudia Opitz. Frankfurt a. M. 1996, S. 149–160.

HERING, Rainer: *Konstruierte Nation. Der Alldeutsche Verband 1890 bis 1939.* Hamburg 2004.

HILBERT, David: *Gesammelte Abhandlungen,* Bd. 2 (Algebra, Invariantentheorie, Geometrie). Berlin 1933.

HOSENFELD, Hartmut: *Jüdisch in Attendorn. Die Geschichte der ehemaligen jüdischen Gemeinde in Attendorn.* (Jüdisches Leben im Kreis Olpe, IV). Attendorn 2006.

JAN, Helmut von: *Die Katastrophe der Hildesheimer Juden 1938-1988.*

Zum Gedächtnis der 50j. Wiederkehr. In: Alt-Hildesheim. Jahrbuch für Stadt und Stift Hildesheim, 59 (1988), S.101 u. 103.

KAHN, Grete: *Eine allgemeine Methode zur Untersuchung der Gestalten algebraischer Kurven.* Phil. Diss. Georg-August-Universität Göttingen, Göttingen 1909.

KAHN, Otto: *Dante. Seine Dichtung und seine Welt.* München 1921.

KÖNIG, York-Egbert: *Ein Leben für die Mathematik. Vor 100 Jahren legte Grete Kahn als erste Eschwegerin die Doktorprüfung ab.* In: Das Werraland, 61 (2009), S. 40.

– *Ein Leben für die Mathematik. Dr. Margarete Kahn (1880–1942) aus Eschwege.* In: Eschweger Geschichtsblätter, 21 (2010), S. 69–74.

– *Dr. Margarete Kahn (1880–1942) aus Eschwege. Ergänzungen und familienkundliche Anmerkungen.* In: Eschweger Geschichtsblätter, 22 (2011), S. 67–76.

KOLLMANN, Karl; WIEGAND, Thomas: *Spuren einer Minderheit. Jüdische Friedhöfe und Synagogen im Werra-Meißner-Kreis.* Kassel 1997. http://www.alemannia-judaica.de/werra_meissner_kreis_friedhoefe.htm

LÖBENSTEIN, Klara: *Ueber den Satz, dass eine ebene, algebraische Kurve 6. Ordnung mit 11 sich einander ausschliessenden Ovalen nicht existiert.* Phil. Diss. Georg-August-Universität Göttingen, Göttingen 1910.

– *Literaturbericht. Neue Rechenbücher für höhere Mädchenschulen.* In: Die Lehrerin. Organ des Allgemeinen Deutschen Lehrerinnenvereins, 29 (1912/13), Heft 23, S.181 ff.

MEHRTENS, Herbert; RICHTER, Steffen (Hg.): *Naturwissenschaft, Technik und NS-Ideologie. Beiträge zur Wissenschaftsgeschichte des Dritten Reiches.* Frankfurt/Main 1980.

PRAUSS, Christina: Amalie *Loewenberg. Studienrätin an der Goethe-*

schule in Hildesheim. In: Hildesheimer Allgemeine Zeitung vom 14. Juni 2008.
- *Eine Schule der Frauen. Aufstieg, Fall und Neubeginn der Goetheschule in Hildesheim.* Göttingen 2009.
- *Jüdische Töchter- und Goetheschülerinnen aus Hildesheim, verfolgt, ermordet und vertrieben,* in: Hildesheimer Jahrbuch für Stadt in Stift Hildesheim, 81 (2009), S.135–156.
- *Klara Löbenstein,* in: 1885 bis 2010 Scharnhorstgymnasium Hildesheim. Festschrift. 2010. S. 107–112.
- *Verfolgt, ermordet – unvergessen. Zur Erinnerung an Schülerinnen der Städtischen Höheren Töchter- und Staatlichen Goetheschule unter der nationalsozialistischen Gewaltherrschaft.* Hildesheim 2010.

SCHNEIDER, *Jörg: Die jüdische Gemeinde in Hildesheim von 1871 – 1942.* Dissertation Georg-August-Universität Göttingen 1998. (Schriftenr. d. Stadtarchivs u. d. Stadtbibl. Hildesheim, 31) Hildesheim 2003. http://webdoc.sub.gwdg.de/diss/1999/schneider/inhalt.htm

SIEGMUND-SCHULTZE, Reinhard: *Mathematicians fleeing from Nazi-Germany. Individual Fates and Global Impact.* Princeton 2009.

TESDORPF, Wilhelm: *Festschrift zur Feier des 50j. Bestehens der Städtischen Höheren Töchterschule zu Hildesheim 1858–1908.* Hildesheim 1908.

TOBIES, Renate: *Felix Klein und David Hilbert als Förderer von Frauen in der Mathematik.* In: Acta Historiae rerum naturalium necnon technicarum / Prague Studies in the History of Science and Technology, N.S. Vol. 3 (1999), S. 69–101.
- *The Development of Göttingen into the Prussian Centre of Mathematics and the Exact Sciences.* In: Rupke, Nicolaas (ed.): Göttingen and the Development of the Natural Sciences. Göttingen 2002, S. 116–142.
- *Margarete Kahn (1880–1942); Nelly Neumann (1886–1942).* Jewish

Women. A Comprehensive Historical Encyclopedia. Jerusalem, Israel, CD-ROM, 2005.

– *Biographisches Lexikon in Mathematik promovierter Personen.* (Algorismus 58). Augsburg 2006.

– (Hg.): *»Aller Männerkultur zum Trotz«: Frauen in Mathematik, Naturwissenschaften und Technik.* Frankfurt a. M./New York 2008.

– *»Morgen möchte ich wieder 100 herrliche Sachen ausrechnen«. Iris Runge bei Osram und Telefunken.* Stuttgart 2010.

– *Mädchenschulreform im Kontext der mathematisch-naturwissenschaftlichen Unterrichtsreform zu Beginn des 20. Jahrhunderts.* In: Eschweger Geschichtsblätter, 21 (2010), S. 56–68.

TYRADELLIS, Daniel; FRIEDLANDER, Michael S. (Hg.): *10 + 5 = Gott. Die Macht der Zeichen.* Stiftung Jüdisches Museum. Berlin 2004.

WETZEL, Jürgen: *Zur Statistik. Zwei Berliner Frauenschicksale.* In: Brandenburgische Landesgeschichte und Archivwissenschaft. Festschrift für Lieselott Enders zum 70. Geburtstag. Weimar 1997. (= Veröffentlichungen BLHA Potsdam, 34)

Abbildungsnachweis

Seite 12 – Stadtarchiv Eschwege
Seite 14 – Eric Selker, Eugene/Oregon
Seite 16 – Stadtarchiv Hildesheim
Seite 18 – Goethegymnasium Hildesheim
Seite 19 – Roland Oonk, Hildesheim
Seite 22 – Stadtarchiv Bad Hersfeld
Seite 23 – Modellschule Obersberg Bad Hersfeld
Seite 26 – Städtisches Museum Göttingen
Seite 28 – York-Egbert König
Seite 30 – Städtisches Museum Göttingen
Seite 35 – Dissertation Margarete Kahn, publiziert in Göttingen
Seite 37 – Dissertation Klara Löbenstein, publiziert in Göttingen
Seite 48 – Nachlass Hilbert, Handschriftenabteilung der UB Göttingen
Seite 52 – Stadtmuseum Kassel
Seite 53 oben – York-Egbert König
Seite 53 unten – Herder Institut Marburg
Seite 54 oben – York-Egbert König
Seite 54 unten – Stadtarchiv Dortmund
Seite 57 – Stadtarchiv Hildesheim
Seite 59 – Der Brandenburgische Landstreicher
Seite 61 – Landesarchiv Berlin
Seite 63 – York-Egbert König
Seite 64 – York-Egbert König

Danksagungen

Für Auskünfte und Bereitstellung von Materialien danken wir
Wolfgang Barsky, Städtisches Museum Göttingen
Thomas Beck, Datterode
Ilse Eton, London
Prof. Dr. Peter Fromherz, München
Christiane Grap, Stadtarchiv Göttingen
Gerlinde Griepenburg-Burow, Hannover
Prof. Dr. Martin Grötschel, Berlin
Hartmut Hosenfeld, Attendorn
Dr. Ulrich Hunger, Universitätsarchiv Göttingen
Gerhard Kraft, Stadtarchiv Bad Hersfeld
Dr. Karl Kollmann, Stadtarchiv Eschwege
Elizabeth Levy, Jerusalem
Dr. Alexander Link, Stadtmuseum Kassel
Joe Lobenstein, London
Margit Mennicke, Stadtarchiv Kassel
Dr. Monika Nakath, BLHA Potsdam
Roland Oonk, Hildesheim
Ute Pradler, Stadtarchiv Dortmund
Dr. Bettina Reimers et al., Archiv und Bibliothek DIPF
Prof. Dr. Herbert Reyer, Stadtarchiv Hildesheim
Dr. Helmut Rohlfing, SUB Göttingen
Anne Rothschenk et al., Landesarchiv Berlin
Prof. Dr. Eric Selker, Eugene/Oregon
Frank Steinke, Brandenburgischer Landstreicher Berlin
Karl Weber, Modellschule Obersberg, Bad Hersfeld
Nicolai M. Zimmermann, Bundesarchiv Berlin

Über die AutorInnen

York-Egbert König
Geboren 1949 in Eschwege; Studium an der Universität Göttingen (Mittlere und Neuere Geschichte, Historische Hilfswissenschaften, Finnougristik); tätig im Stadtarchiv und Stadtmuseum Eschwege; Autor zahlreicher Veröffentlichungen zur hessischen und thüringischen Regionalgeschichte.

Christina Prauss
Geboren 1954 in Heide/Holstein; Studium an der Universität Göttingen (Deutsche Philologie, Geschichte, Archäologie und Europäische Ethnologie); lebt als Publizistin in Berlin. Veröffentlichungen auf dem Gebiet des Buchwesens und zur Niedersächsischen Regionalgeschichte.

Renate Tobies
Geboren 1947 in Horburg; Studium, Promotion, Habilitation an der Universität Leipzig (Mathematik, Chemie, Physik, Pädagogik, Psychologie); Mathematik- und Naturwissenschaftshistorikerin, zahlreiche Gastprofessuren (Braunschweig, Kaiserslautern, Saarbrücken, Linz/Österreich, Lehrstuhlvertretung Stuttgart), aktuell an der Friedrich-Schiller-Universität in Jena; Korrespondierendes Mitglied der Académie Internationale d'Histoire des Sciences in Paris und Auswärtiges Mitglied der Agder Akademiet (Agder Academy of Sciences and Letters) in Kristiansand, Norwegen.